邓雨佳 著

手鞠球制作教程

手鞠球的几何世界

人民邮电出版社
北京

图书在版编目（CIP）数据

手鞠球的几何世界：手鞠球制作教程 / 邓雨佳著
. -- 北京：人民邮电出版社，2022.4（2024.6重印）
ISBN 978-7-115-57880-8

Ⅰ.①手… Ⅱ.①邓… Ⅲ.①蹴鞠—制作—教材
Ⅳ.①TS958.06

中国版本图书馆CIP数据核字(2021)第229696号

内 容 提 要

手鞠源于中国的蹴鞠，唐朝时传至日本后发展为手鞠，并成为传承千年的民间手工技艺。手鞠自古便有美好祝福之寓意，故而成为了人们传递心意的礼物。本书为我们呈现了手鞠的几何之美，并详细讲解了手鞠的制作步骤与方法，相信通过本书，你能感受到手鞠制作的乐趣。

全书共分为5章：第1章讲解了制作手鞠球的基础知识，包括所需用到的工具、制作材料、素球的制作图解等内容；第2章讲解了制作手鞠球的基础针法；第3章则讲解了手鞠球的分球方法，六等分球、八等分球、十等分球等简单分球方法，组合分球方法及多面体分球方法；第4章通过12个案例为大家示范了手鞠球基础款的制作；第5章通过14个案例为大家示范了手鞠球进阶款的制作。

本书结构清晰，内容丰富，图文并茂，具有实用性和可操作性强的特点，适合手作爱好者阅读。

◆ 著　　　　邓雨佳
　责任编辑　王　铁
　责任印制　周昇亮

◆ 人民邮电出版社出版发行　北京市丰台区成寿寺路 11 号
　邮编　100164　电子邮件　315@ptpress.com.cn
　网址　https://www.ptpress.com.cn
　北京虎彩文化传播有限公司印刷

◆ 开本：787×1092　1/16
　印张：8.5　　　　　　2022 年 4 月第 1 版
　字数：218 千字　　　2024 年 6 月北京第 3 次印刷

定价：79.90 元

读者服务热线：(010)81055296　印装质量热线：(010)81055316
反盗版热线：(010)81055315
广告经营许可证：京东市监广登字 20170147 号

PREFACE

前言

作者眼中的手鞠之美

我是2015年接触到手鞠的。那时国内做手鞠的人不算多，还没有引进日本手鞠教程，网络上能搜到的手鞠图片也非常少，我只能通过有限的资源来学习手鞠制作，自己试着模仿。这个过程是非常有趣的，就像前方有一个巨大的吸盘，吸引着你带着极高的热情与极大的好奇，不由自主地奔向它、探索它。

近几年，随着日本手鞠教程的引进，以及东土手鞠这样由手鞠爱好者组成的手鞠团队不断地推广传播，越来越多的人知道了手鞠并爱上了手鞠制作。我也在思考，手鞠为什么吸引人，或者说吸引我的到底是什么。

非常直观的一点是手鞠是美的、有生命力的。我更倾向于将它理解为球体刺绣艺术。区别于常见的平面刺绣，曲面刺绣是别有一番乐趣的。一个素球，通过精确的测量、计算、定位，被分割成规则的几何面体，再通过绕、绣、挑、穿等不同的针法在球面上绣制出变化万千的图案。我喜欢这个拥有无限可能的创作过程，从启蒙阶段的模仿到尝试做自我风格的呈现，我能真切地感受到创作的乐趣。从本书的作品中也能看出这一点，即使采用同样的分球方法、同样的针法，只要在穿插与配色上做一些改变，便能呈现出截然不同的视觉效果。

一个小小的手鞠，凝结着历史，也凝结着时间。2019年，在日本东京，我有幸认识了一群可爱的老奶奶。她们是日本官方认可的手鞠组织NPO手鞠文化振兴协会的成员，平均年龄超过75岁，有的老奶奶球龄已超过40年。我听她们讲述唐朝时蹴鞠传至日本

演变为手鞠，并一步步发展至今的过程，欣赏她们精美绝伦的作品，和她们一起讨论不同的分球方法，一起解球。那一刻，我突然觉得手鞠1000多年的历史沉浮凝结在了这个美好温暖的瞬间。一个小小的手鞠真真切切地传递着制作者投入其中的热爱与时间。

许多手工让人着迷都是因为它是向内观的过程，手鞠制作亦是如此。其实很多时候，观球便可识人。有些人追求零误差的测量与绣制，有些人尝试大胆的图形创作，有些人偏好温和渐进的配色，有些人喜欢强烈的视觉冲击……我一直认为这并无对错之分，没有人可以规定手鞠应该是怎样的。手鞠制作从某种意义上说是一个自我的、取悦自己的过程，制作球的过程也是观己的过程。在这个过程中感受到的挫败、焦虑，体会到的安宁、喜悦，都是真实的感受。

很幸运在2019年收到出版社的邀请，我几乎在受邀之时就确定了本书的主题——手鞠的几何世界。我希望通过这本书，呈现手鞠几何美感的小小一隅，同时也为自己的手鞠之旅画上颇有意义的记号。非常感激在本书创作过程中给予我帮助的家人与朋友，以及翻阅此书的读者朋友们。第一次写书经验尚浅，如有不妥，敬请谅解。

漫漫手鞠之路，继续热爱，继续坚持，共勉之！

编者

2021年12月

CONTENTS

目录

第 1 章

手鞠制作基础知识

022	手鞠制作工具
024	手鞠制作所需材料
026	素球的制作图解
026	保丽龙球芯素球制作
027	稻谷壳球芯素球制作

第 2 章

基础针法

030	基础走线方法：起针、收针、补线
030	起针
031	收针
031	补线
032	14种基础针法图解

第 3 章

分球的方法

036	简单分球
036	六等分球
039	八等分球
040	十等分球
041	组合分球

041　　组合六等分及几何分析
044　　组合八等分及几何分析
046　　组合十等分及几何分析
049　多面体分球
049　　14面体及几何分析
054　　18面体及几何分析
056　　32面体及几何分析
059　　42面体及几何分析
061　　92面体及几何分析

第 4 章
基础款制作图解
066　　旋转六芒星
069　　三羽根龟甲
072　　童真
077　　纺锤穿插
079　　菱形套格
081　　多彩线条
083　　旋涡
085　　三色纺锤穿插
087　　八面网格
091　　条纹拼色菱形

093　　组合十等分麻叶
096　　网

第 5 章
进阶款制作图解
100　　十字穿插
104　　方形锁扣
107　　条纹编织
110　　黑白菱形
112　　玫瑰庄园
115　　伞心旋涡
117　　中国风
120　　穹顶
122　　机械星球
125　　三角羽毛
127　　和平环
130　　寄木
132　　平行世界
135　　万花筒

第 **1** 章

手鞠制作基础知识

盛唐时，蹴鞠传至日本，并在日本演变为手鞠。起初，手鞠只是日本贵族女子的闺中玩物，而后随着棉花种植的普及，手鞠才在民间流行开来。在农荒时，日本妇女会将苔藓等晒干并将其制作为手鞠球芯。到了19世纪末，随着橡胶球在日本的兴起，手鞠逐渐退出人们的生活，只有少部分喜爱手工的人将这一传统手工艺代代相传至今。

手鞠制作工具

在手鞠制作工具中，剪刀、软尺、珠针等均无特别要求。长针需购买孔径稍大一些的，以便于在球体内走线。分球纸可购买衍纸纸条或自己裁剪出宽1cm左右的纸条。

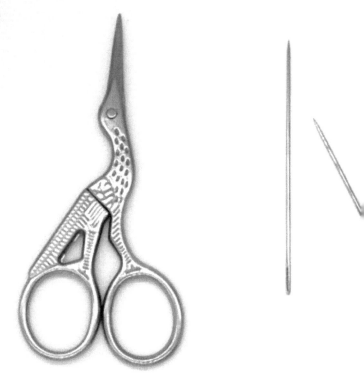

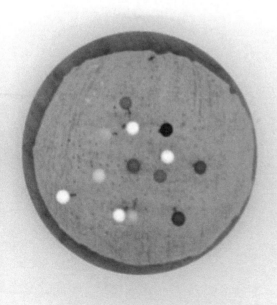

工具说明

从左往右，从上往下，依次为剪刀、大孔长针、分球纸、软尺、珠针及针插。

手鞠制作所需材料

手鞠制作所需材料主要分为球芯材料和线材。球芯大致分为成型球芯和非成型球芯。例如EVA球芯、保丽龙球芯本身已是成型球体，属于成型球芯，推荐新手使用。而木棉、稻谷壳等球芯材料需手动缠圆，对制作者的熟练度要求较高，建议新手掌握一些技巧后再使用。读者可根据自身情况选择适合的球芯材料。

球芯材料说明

（左上）EVA球芯：有一定的弹性，不易变形，不易滑线。

（左下）保丽龙球芯：重量较轻，需缠绕有一定厚度的毛线。

（右上）木棉：缠线后体积变小，需把握好量，新手不易缠圆，但手感佳。

（右下）稻谷壳：新手不易缠圆，但手感佳。

制作手鞠可用的线材非常多，用不同质感的线材制作的手鞠的手感和视觉效果各异。本节介绍一些作者常用的线材。

线材说明

❶ 毛线　　　　　　　❷ 素球线（402缝纫线也可以）　　❸ 8号蕾丝线　　❹ 植物染细线

❺ 真丝线　　　　　　❻ 金属色线　　　　　　　　　　❼ 8号金线　　　❽ 植物染棉线

❾ 钻石线　　　　　　❿ 5号蕾丝线

用途说明

毛线用于球芯打底，以增加素球的松软度与手感；素球线、植物染细线可用于缠素球；8号金线、钻石线、素球线、植物染细线可用作分球线；8号蕾丝线、8号金线、植物染棉线、5号真丝线可用作绣线；金属色线可用作分球线或绣线。

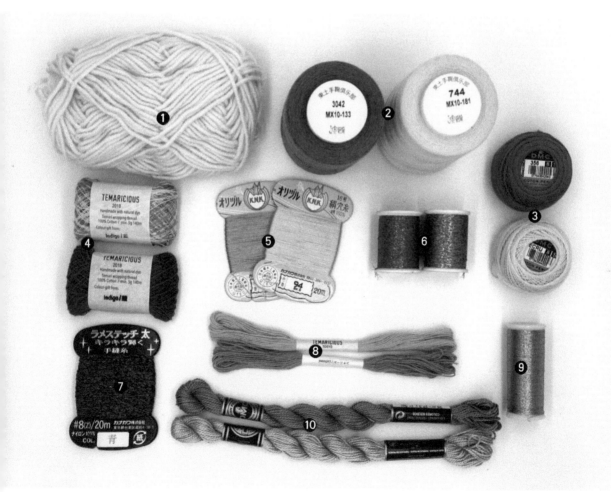

素球的制作图解

素球制作是手鞠制作的第一步，也是非常重要的一步，制作浑圆规整的素球是制作一个精致手鞠的基础。下面以保丽龙球芯和稻谷壳球芯为例介绍素球制作过程。保丽龙球芯素球制作比较简单，下面就先拿它练手吧！

保丽龙球芯素球制作

01 STEP

保丽龙球芯本就是规整球体，制作相对简单，绕线时均匀覆盖即可。这类素球的制作新手更易掌握。

02 STEP

毛线缠绕至一定厚度后换素球线继续缠绕，直到素球线完全覆盖毛线，并且球体圆润有弹性。

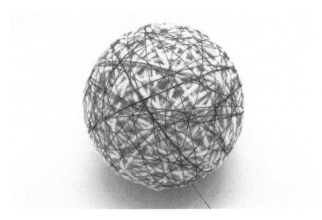

03 STEP

素球缠绕完成后，需要用大孔长针穿线，来回走线（Z字形）几次。把线头收入球体，稍微拉紧素球线，用剪刀贴紧球体剪断素球线，不能露出线头。由于保丽龙球芯本身较轻，所以用其制作的素球会比用其他球芯材料制作的素球轻。保丽龙球芯素球制作完成。

完成
Complete

稻谷壳球芯素球制作

01 STEP

用无纺布包裹适量稻谷壳，具体的量由所要制作的手鞠的大小决定。

02 STEP

用毛线均匀缠绕球芯，边缠边调整形状，使之成为较规整的球体。

03 STEP

用毛线缠绕到一定厚度后剪断线头，不用收线。接着用素球线继续均匀缠绕球芯，缠绕时保持力度均匀且需无规则缠绕，切忌在一个方向上反复绕线。

04 STEP

缠绕素球线至一定厚度且完全覆盖毛线后，捏压球芯，有微弹感时可收针，用大孔长针从不同方向来回走线（Z字形）几次后即可固定线头。注意，球体一定要规整，以便后续进行分球和设计。

完成
Complete

05 STEP

稍微拉紧素球线，用剪刀贴紧球体剪掉线头，稻谷壳球芯素球制作完成。

在实际设计制作中，读者可根据自己的需求选择球芯材料，甚至可以在球芯中加入木屑、香料等。

第**2**章

基础针法

本章将介绍手鞠绣制的基础走线方法及14种基础针法。手鞠的走线均为逆向走线，因为是在球面上刺绣，故起针、收针也有独特的方法，本章将进行详细图解。手鞠纷繁复杂的图案纹样是由基础针法组合变化而成的，本章将用图解方式介绍手鞠常用的14种基础针法。读者熟练掌握基础针法后就可以尝试创作更多的图案纹样了。

基础走线方法：
起针、收针、补线

为了看起来精致美观，手鞠球面不能有线头，所以需要将线头藏于球体内。

本节将介绍起针、收针及线长度不够时需要补线（也叫续线）的走线方法，

相信你看完后很快就能掌握绣制手鞠的基础针法。

起针

01 STEP

准备一个制作好的素球，以珠针点为
起针点，在珠针点右侧入针，慢慢
拉线，将末端未打结的线头藏于球
体内。

02 STEP

从出针点再次入针（注意不能偏离出
针点，以防止线露于球面），在珠针
点出针拉线，起针完成。

完成
Complete

收针

完成
Complete

01 STEP

以分球制作（在"分球的方法"一章中讲解）为例，完成走线后从结束点回针，从任意点出针。

02 STEP

从出针点入针，从任意点出针。

03 STEP

用力提拉线头，用剪刀紧贴球面剪掉线头，收针完成。

补线

 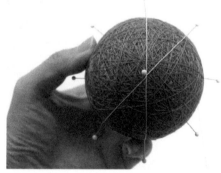

完成
Complete

01 STEP

以分球制作为例，如遇线长度不够，需在节点（即珠针点或绣制过程中的回针点）处收针，切忌在球面非节点处收针。

02 STEP

补线后从收针点起针，继续走线。

14 种基础针法图解

再复杂的手鞠图案也是由基础针法组合而成的，所以我们只有掌握了基础针法，才能掌握解球与创作的关键。下面介绍本书使用的14种基础针法，掌握后通过对基础针法的创意组合，你就可以创作出想象中的手鞠啦！

❶ 带状卷绣

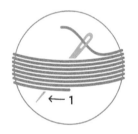

排线需紧密。实拍效果图与制作步骤可参考第4章中"童真"案例的制作。

❷ 交叉卷绣

用珠针做交叉点定位，绕珠针走线。实拍效果图与制作步骤可参考（旋转六芒星）。

❸ 千鸟绣

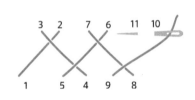

常用于腰带绣制。实拍效果图与制作步骤可参考（童真）。

❹ 辫子绣

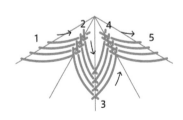

规律为第二层套第一层、第三层套第二层……以此类推，均在上一层交叉点回针。实拍效果图与制作步骤可参考（童真）。

❺ 纺锤绣

两端均有交叉，且下一层交叉点距离上一层交叉点有一定距离，以防堆砌。实拍效果图与制作步骤可参考（纺锤穿插和三色纺锤穿插）。

❻ 平挂三角绣

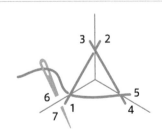

常用于（三角形）面的绣制。实拍效果图与制作步骤可参考（条纹拼色菱形）。

❼ 枡纹绣

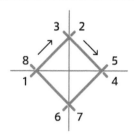

常用于（四边形）面的绣制。实拍效果图与制作步骤可参考（条纹编织）。

❽ 平挂五角绣

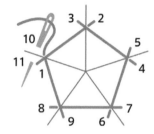

常用于（五边形）面的绣制。实拍效果图与制作步骤可参考（黑白菱形）。

❾ 平挂六角绣

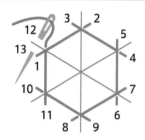

常用于（六边形）面的绣制。实拍效果图与制作步骤可参考（旋转六芒星）。

❿ 穿插绣

两个图形穿插，各绣一层作为穿插的第一层。实拍效果图与制作步骤可参考（条纹拼色菱形）。

⓫ 三羽根龟甲绣

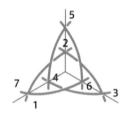

由龟甲纹变形而来，是经典的手鞠纹样。实拍效果图与制作步骤可参考（三羽根龟甲）。

⓬ 松叶结绣

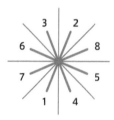

每条线段等长，常用在中心结点处，在绣制花形纹样的花蕊时也可使用。线段7~8可在中心结点回针，套住之前的线段以做固定。实拍效果图与制作步骤可参考（组合+等分麻叶）。

⓭ 麻叶绣法（一）

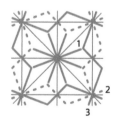

需先完成松叶结绣，再交错连接松叶结末端。常用于组合十等分及以下的麻叶绣制。实拍效果图与制作步骤可参考（组合+等分麻叶）。

⓮ 麻叶绣法（二）

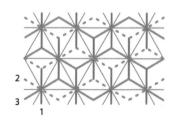

先完成每个面的（灰）竖线部分且线段需等长，再将图中的橙色实线与虚线以V字形走线连接。常用于制作超多面体。

第 **3** 章

分球的方法

分球是手鞠制作过程中至关重要的一步，分球的精准程度决定着手鞠的精致程度。我们可将分球线理解为球的骨架，图案的绣制则是以骨架为基准，在分球线分割出的球面上进行的。本章将对简单分球、组合分球、多面体分球3个部分展开讲解，分别对其进行几何分析，以便大家更加直观地理解分球的方法（图解中用不同色线分球，仅为更好地理解分球步骤，实际制作时不用如此）。

简单分球

简单分球可理解为以赤道为界，将球体分为南北两个半球，再通过等分赤道得到简单的等分球。本节将介绍常见的六等分球、八等分球、十等分球的分球方法。

六等分球

01 STEP

将红色珠针垂直插入球体，定位任意点为北极点，再取和球体周长相等的分球纸。

02 STEP

将分球纸弯折后在1/2处画线，用黄色珠针定位南极点，定位南北两极点后需要用分球纸进行多角度调整与确认。

03 STEP

在分球纸上折出周长的1/4并用蓝色珠针标注，该点即为赤道上的一个点。可用该方法多角度标注2~3个点，这些点都是赤道上的点。

04 STEP

量出具体的周长并将周长六等分，在分球纸上标注。

05 STEP

利用分球纸在赤道上用蓝色珠针定出6个等分点。

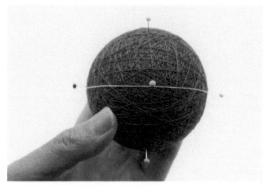

06 STEP

按照前文介绍的起针方法，从北极点起针，拉线经过赤道上一点，再经过南极点。注意要把线拉直，避免两点之间的线松滑。

07 STEP

绕一周回到北极点后，从北极点右侧绕过珠针，经赤道上一点走线。

08 STEP

用同样的方法，从北极点右侧绕过珠针，走第三条分球线。

09 STEP

第三条分球线经过南极点时，在南极点上挑少许素球线回针以做固定。

10 STEP

第三条分球线回到北极点后，从北极点右侧回针，套住北极点处的前两条分球线，按照前文所讲的收针方法收针。

11 STEP

3条分球线绕制完成，正面如图所示。

12 STEP

从赤道上任意分球线的左侧起针，向右拉线，注意拉线需经赤道上的6个等分点，并应避免线松滑。

13 STEP

回到赤道起针点后，从分球线右侧回针收线。

14 STEP

六等分球制作完成。

完成
Complete

八等分球

01 STEP

定位南北极点、赤道的方法与六等分球相同，只需将分球纸等分为8份。

02 STEP

在赤道上用珠针标注出8个等分点。

03 STEP

标注完成后的正面如图所示。

04 STEP

与六等分球拉分球线的方法相同，将球八等分。

05 STEP

赤道拉线方法与六等分球相同，八等分球制作完成。

完成
Complete

十等分球

01 STEP

定位南北极点、赤道的方法与六等分球相同，只需将分球纸等分为10份。

02 STEP

在赤道上用珠针标注出10个等分点。

03 STEP

与六等分球的拉分球线方法相同，将球十等分。

04 STEP

赤道拉线方法与六等分球相同，十等分球制作完成。

简单分球可理解为将球体一分为二，形成A、B两个球面。简单分球的等分方法相同，等分数量可根据设计的纹样自行决定，一般以双数居多。

组合分球

组合分球是在简单六等分、八等分、十等分的基础上再进行分球，使球体上的每个面看上去都被均匀分割。组合分球也属于多面体分球，但常指组合六等分、组合八等分、组合十等分。

组合六等分及几何分析

01 STEP

准备一个无赤道线的六等分球。

02 STEP

量出周长后，按公式"周长×1/6+周长×3/100"计算得到一个长度，并在分球纸上标注（红线处）。

03 STEP

在任意一条分球线上用黄色珠针标注出北极点距离该长度的点。

04 STEP

间隔一条分球线，在另一条分球线上用黄色珠针标注同样的点。

05 STEP

用同样的方法标注出第三个点。

06 STEP

在剩余3条未标注的分球线上，用蓝色珠针标注出距离南极点该长度的点。

07 STEP

6个点标注完成后如图所示。

08 STEP

将任意一个珠针点视为新的北极点，从新北极点视角将球六等分。从新北极点（图中间的黄色珠针点）起针，拉线经过右上方蓝色珠针点。

09 STEP

继续拉线经过另一个蓝色珠针点。

10 STEP

回到起针点后绕过新北极点，拉线经过右下方黄色珠针点。

11 STEP

经过珠针点拉线一周回到新北极点，此图中的蓝色珠针点为与新北极点相对应的新南极点。

12 STEP

回到新北极点后收针。

13 STEP

从另一个黄色珠针点起针，经过剩余珠针点绕圆周。

14 STEP

可理解为将每一个珠针点所在的球面进行六等分。

15 STEP

回到起针点后收针。

16 STEP

组合六等分球制作完成。

完成
Complete

几何分析

组合六等分球以小三角形来看,可得24个
小三角形;以大三角形来看,可得4个大三
角形。

组合八等分及几何分析

01 STEP

准备一个有赤道线的八等分球，在任意一条分球线上用珠针分别标注出两个距离南北极点1/4的点。

02 STEP

每间隔一条分球线标注同样的点，如图所示，得到8个点。

03 STEP

取任意一条有珠针的分球线，用珠针标注该分球线在赤道上的点，并将其视为新的北极点。从此视角看球面已经四等分，需补充分球线将其八等分。在新北极点起针后，拉线经过右上方珠针点拉圆周。

04 STEP

回到起针点后，绕过新北极点右侧拉线，经过左上方珠针点拉圆周。

05 STEP

新北极点相对应的面已被八等分。

06 STEP

拉线回到新北极点后收针。

07 STEP

在间隔新北极点一条分球线的位置找到另一个点（绿色珠针点），按照步骤03的方法继续拉线。

08 STEP

两条新的分球线走完后，回到起针点收针。

09 STEP

组合八等分球制作完成。

完成
Complete

几何分析

四边形

以四边形来看，组合八等分球由6个四边形组成。

三角形

以大三角形来看，组合八等分球由8个大三角形组成；以小三角形来看，由48个小三角形组成。

菱形

以菱形来看，组合八等分球由12个菱形组成。

组合十等分及几何分析

$0 1$ STEP

准备一个无赤道线的十等分球。

$0 2$ STEP

量出周长后，根据公式"周长×1/6+周长×1/100"计算得到一个长度，并在分球纸上标出（红线处）。

$0 3$ STEP

在任意一条分球线上用珠针标注出距离北极点该长度的点。

$0 4$ STEP

每间隔一条分球线标注出同样的点，如图所示，得到5个点。

$0 5$ STEP

在剩余5条没有珠针的分球线上标注出距离南极点该长度的点。

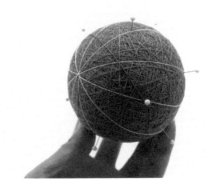

$0 6$ STEP

10个点标注完成后如图所示。

$0 7$ STEP

以任意一个珠针点为起针点，并将其视为新的北极点，从此点视角将球面十等分，拉线经过左上方黄色珠针点。

08 STEP

图中心为新北极点经球心所对应的点，即新的南极点。

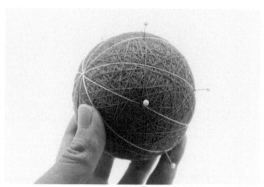

09 STEP

回到起针点后绕过新北极点，继续经珠针点走线。

10 STEP

用同样的方法绕第四条分球线，注意需经过新北极点同一侧绕线，以便最后收针固定。

11 STEP

第四条分球线经过新南极点时需回针固定。

12 STEP

回到新北极点后回针收线。

13 STEP

可看出已将此面十等分。

14 STEP

取与步骤07所取的新北极点相邻的珠针点为新的起针点，用同样的方法绕新的分球线。

15 STEP

回针收线后可看出此面同样完成十等分。

16 STEP

用同样的方法对剩余珠针点十等分所差的分球线进行补充。

17 STEP

当每个珠针点所在的面均被十等分后，组合十等分球制作完成。

几何分析

五边形

以五边形来看，组合十等分球由12个五边形组成。

三角形

以大三角形来看，组合十等分球由20个大三角形组成；以小三角形来看，由120个小三角形组成。

菱形

以菱形来看，组合十等分球由30个菱形组成。

多面体分球

多面体分球是在组合分球的基础上再进行分球，使得分割的面更多。本节共介绍7种多面体分球方法，其中14面体与32面体各有两种不同的分球方法，能得到不同的几何面的组合。多面体分球有多种方法，每个手鞠制作者可能也有自己总结的常用分球方法。本书分享的方法仅为作者常用或推荐新手尝试的分球方法。

14面体及几何分析

14面体分球以组合八等分球为基础，共有两种不同的分法，可得不同的形状组合。

14面体（分法一）

01 STEP

准备一个组合八等分球。

02 STEP

将菱形长对角线三等分，用珠针标注等分点。

03 STEP

标注出所有菱形长对角线的等分点。

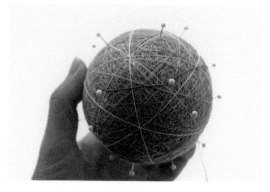

04 STEP

在任意一个珠针点分球线左侧起针，向右拉线经过右侧珠针点。

05 STEP

拉线经过3条分球线交点时用红色珠针固定，再拉线经过另一个四边形内的两个等分点。

06 STEP

再经过一个红色珠针交点后回到起针点回针，从同一个四边形内左边另一个等分点左侧出针。

07 STEP

起针后向右拉线，在经过上一个起针点时回针固定。（因为所有黄色珠针点都会有两条分球线经过，所以每个黄色珠针点上第二条分球线经过时都需回针固定。）

08 STEP

和上一条分球线路径相同，经过3条分球线交点时用红色珠针固定。

09 STEP

此图呼应步骤07括号内的说明。

10 STEP

用同样的方法拉第三条分球线，在原组合八等分球的四边形内可得到一个小的四边形。

11 STEP

每个红色珠针点会有3条新分球线经过，所以在第三条分球线经过时需回针固定交点。

12 STEP

所有面分好后如图所示，14面体（分法一）分球完成。

完成
Complete

14面体（分法一）几何分析

14面体（分法一）分球可得到8个六边形和6个小四边形。

14 面体（分法二）

01 STEP

准备一个组合八等分球，从任意四边形边的中点左侧夹角起针，向右拉线经过相邻边的中点。

02 STEP

以拉圆周方式走线，走线均经过四边形边的中点。

03 STEP

回到起针点后回针，从同一起针点右侧起针，向左走线。

04 STEP

回到起针点后收针。

05 STEP

从相邻边的中点起针，按同样的方法走线。

06 STEP

回到起针点后回针收线。

07 STEP

第三条分球线也按同样的方法走线。

完成
Complete

08 STEP

所有分球线完成后如图所示，14面体（分法二）分球完成。

14面体（分法二）几何分析

14面体（分法二）分球可得到8个三角形和6个四边形。

18面体及几何分析

18面体以组合八等分球为基础。

01 STEP

准备一个组合八等分球。

02 STEP

将四边形中心点到顶点的连线二等分，用珠针标注1/2点。

03 STEP

将原四边形内的4个1/2点都标注出来。

04 STEP

走线将六个小四边形框出。

05 STEP

从任意小四边形顶点内起针，向斜下方拉线，在相邻小四边形顶点内侧回针固定。

06 STEP

再向斜上方拉线，同样在相邻小四边形顶点内侧回针固定。

07 STEP

用同样的方法完成所有小四边形的走线。

08 STEP

18面体分球完成。

完成
Complete

18面体几何分析

18面体分球可得到6个小四边形和12个六边形。

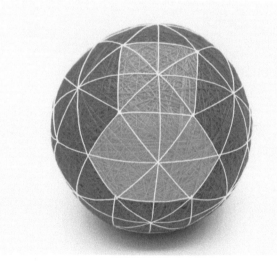

特别说明，18面体与14面体（分法一）展示了两种不同的多面体分球走线方法。14面体（分法一）是用珠针定位出所有点后整球走线，优点是结点较自然，缺点是新手不易理解走线规律。18面体是先框出面，再做连线，优点是新手易理解，缺点是结点较明显，建议用较细的分球线。两种方法均可分割多面体，制作者可按自己的喜好选择。

32 面体及几何分析

32面体以组合十等分球为基础，共有两种不同的分法，可得到不同的形状组合。

32 面体（分法一）

$\underset{\text{STEP}}{01}$

准备一个组合十等分球。

$\underset{\text{STEP}}{02}$

从五边形边的中点（可用珠针标注）起针，拉线经过相邻边的中点，以拉圆周方式走线（经过的均是五边形边的中点）。

$\underset{\text{STEP}}{03}$

回到起针点后绕过珠针向下拉线，用同样的方法走线。

$\underset{\text{STEP}}{04}$

回到起针点后回针，套住珠针上的分球线以做固定。

$\underset{\text{STEP}}{05}$

再从五边形另一条边的中点起针，用同样的方法走线。

$\underset{\text{STEP}}{06}$

因为每个五边形的中点均有两条分球线经过，所以第二条分球线经过时可锁针固定。

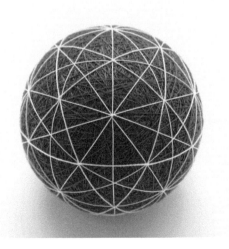

$\underset{\text{STEP}}{07}$

所有分球线完成后如图所示，32面体（分法一）分球完成。

完成
Complete

32 面体（分法一）几何分析

32面体（分法一）分球可得到12个小五边形和20个小三角形。

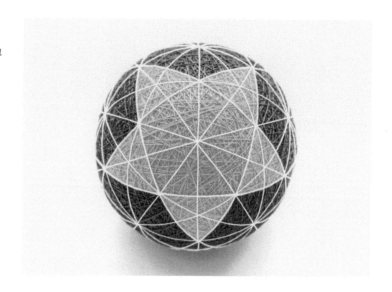

32 面体（分法二）

01 STEP

准备一个组合十等分球。

02 STEP

用红色珠针标注一个五边形的中心，将其与一个相邻五边形的中心点连线三等分，用黄色珠针标注出较外侧的等分点。

03 STEP

参考上述步骤，用黄色珠针标注出较外侧的5个等分点。

04 STEP

走线连接5个珠针点。

05 STEP

得到一个新的大五边形。

06 STEP

用同样的方法框出其余原五边形外侧的大五边形。

07 STEP

在3条分球线交点处回针固定。

08 STEP

12个大五边形完成。

09 STEP

走线框出小五边形。

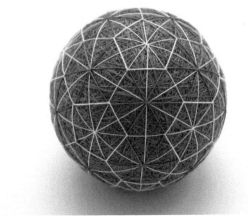

完成
Complete

10 STEP

32面体（分法二）分球完成。

32 面体（分法二）几何分析

32面体（分法二）分球可得到12个小五边形和20个小六边形。

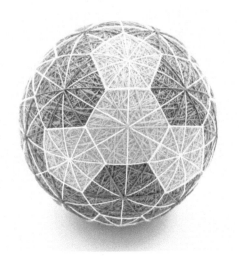

42 面体及几何分析

42面体以32面体（分法一）为基础。

01 STEP

准备一个32面体（分法一）球。

02 STEP

用珠针将原始组合十等分球的五边形中心点与顶点连线的中点标出。

03 STEP

如图所示，标出一条32面体分球线一上一下的所有等分点。

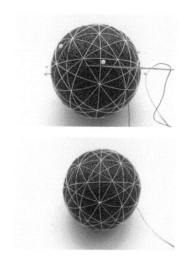

04 STEP

走线连接所有珠针点。

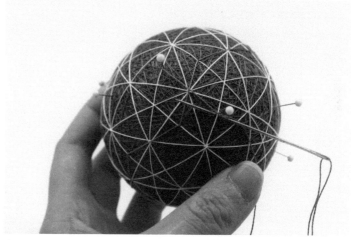

05 STEP

用同样的方法标出另一条分球线一上一下的所有等分点并走线连接。

06 STEP

在两条新分球线交点处回针固定。

07 STEP

所有新分球线走完后如图所示。

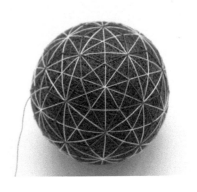

08 STEP

如图所示，框出小五边形。

09 STEP

42面体分球完成。

完成
Complete

42 面体几何分析

42面体分球可得到12个小五边形和30个小
六边形。

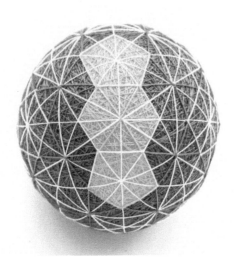

92 面体及几何分析

92面体以组合十等分球为基础。下面详细图解92面体不完全分割与完全分割的区别。

不完全分割

01 STEP

准备一个组合十等分球。

02 STEP

将五边形中心点与顶点的连线三等分，并用珠针标注出靠近中心的1/3点。

03 STEP

以菱形作为观察面，标注出菱形对应边的1/3处。

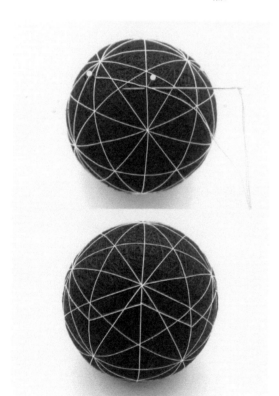

04 STEP

走线连接所有珠针点。

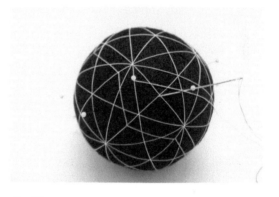

05 STEP

用同样的方法标注出相邻菱形带的所有1/3点。

06 STEP

走线完成后如图所示。

07 STEP

用同样的方法将所有菱形带的1/3点走线连接。

08 STEP

再重复步骤03~07，标注菱形带的所有2/3点并连线。

09 STEP

连接五角星内的五边形。

10 STEP

再连接五角星外侧的五边形。

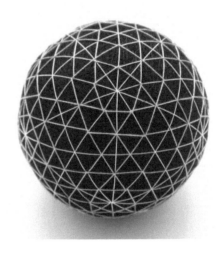

完成
Complete

11 STEP

将所有大、小五边形连接，92面体不完全分割完成。

完全分割

01 STEP

在"不完全分割"一节中步骤11的基础上，以小六边形边的1/2处为起针点，拉线切割小六边形，在相邻小五边形下方的六边形边的1/2处回针固定。

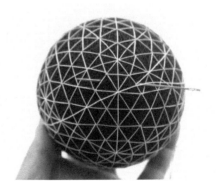

02 STEP

回到起针点后回针，从另一条边的1/2处起针。

03 STEP

完全分割指通过走线将小六边形分割为12份，所以在最后一条分球线经过小六边形内交点时应回针固定。

04 STEP

所有分球线完成后，92面体完全分割完成。

92 面体几何分析

92面体分球可得到12个小五边形和80个小六边形。不完全分割和完全分割的对比如图所示，两者所得的面的组合相同，制作者可根据绣制的纹样自行选择合适的方法。

第 **4** 章

基础款制作图解

本章均是以简单分球和组合分球为基础而设计的手鞠款式，算是手鞠制作中的基础款。案例教程中的球体大小均为建议尺寸，制作细节均按比例换算，不做具体数值规定。案例教程中的线材多使用DMC品牌的8号蕾丝线（个别球使用12号蕾丝线，它较8号蕾丝线更细一些）。希望读者掌握方法后尝试使用自己喜欢的配色，说不定能得到更多的惊喜！

旋转六芒星

本节主要用到交叉卷绣针法和平挂六角绣针法，通过配色的变化得到中心六边形旋转的视觉效果。你也试一试吧！

材料

一个灰色素球（建议直径：6~8cm）

线材色号

金线（分球）、747#、BLANC#

01 STEP

准备一个六等分球。

02 STEP

取蓝色线，用平挂六角绣针法紧贴极点绣制六边形。

03 STEP

共绣制3层，南北两极点均需绣制。

04 STEP

用红色珠针标注北面六边形，取蓝色线，从任意一条分球线与赤道的交点起针，在分球线右侧排线并紧贴北面六边形一边。

05 STEP

越过赤道时跨越分球线，在分球线左侧排线并紧贴南面六边形一边。可用蓝色珠针卡住越线点，用绿色珠针标注南面六边形。

06 STEP

用蓝色线绣制4圈后，取白色线，用同样的方法绣制另一侧并与蓝色线在赤道处相交。

07 STEP

以顺时针为绣制顺序，依次共绣3组，均为蓝右白左。

08 STEP

蓝白两线在赤道的相交处如图所示，注意每条绣线在经过赤道时均需跨越分球线。

09 STEP

同样按步骤07的顺序绣制第二层，第二层的颜色排列与第一层相反。

10 STEP

采用同样的方法和步骤，一共绣制4层。

11 STEP

穿双股白线制作腰带。从赤道上方任意一个扭转交点的左侧起针，向右拉线至下一个交点回针。

12 STEP

如图所示，在赤道上下各做一条腰带。

完成
Complete

13 STEP

制作完成后如图所示。

三羽根龟甲

本节主要使用三羽根龟甲绣针法。正反两个越赤道线的三羽根龟甲交错排列，红黑白、红蓝白配色以及橙色的运用使球体的视觉效果强烈。

材料

一个白色素球（建议直径：6~8cm）

线材色号

金线（分球）、310#、BLANC#、920#、517#、741#

01 STEP

准备一个无赤道的六等分球。

02 STEP

将南北极点间的连接三等分，用红色珠针标注上1/3点，用蓝色珠针标注2/3点。

03 STEP

间隔一条分球线标注出1/3点和2/3点，共3个红色珠针和3个蓝色珠针。

04 STEP

取红色线，从任意红色珠针分球线左侧起针，用三羽根龟甲绣针法进行绣制。

05 STEP

第一层三羽根龟甲完成后收针。

06 STEP

取黑色线绣制第二层。注意第二层的起针点在第一层起针点的下方，紧贴第一层走线，切忌重叠。

07 STEP

取白色线绣制第三层，红黑白一组完成。

08 STEP

按图示完成红黑白3组、红蓝白4组、橙色线5层，直到最外层顶点到达蓝色珠针点。

09 STEP

球体尺寸会影响红、蓝珠针点之间的距离，制作者可根据实际距离调整三羽根龟甲的层数。

10 STEP

用同样的方法标注出剩余3条分球线上的1/3点和2/3点。

11 STEP

对应上一面三羽根龟甲的配色与
层数绣制另一面。

完成
Complete

12 STEP

制作完成后如图所示。

童真

本节主要使用辫子绣针法，腰带的绣制则将带状卷绣针法与千鸟绣针法相结合。整个球给人一种童真的感觉，让人联想到无忧无虑的童年。

材料

一个蓝色素球（建议直径：8cm）

线材色号

银线（分球）、922#、3865#、519#

01 STEP

准备一个十六等分球。

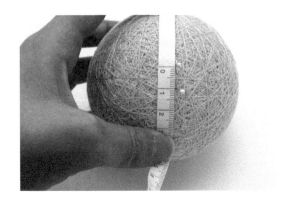

02 STEP

在赤道上下0.5cm处用珠针标注。

03 STEP

取白色线，用带状卷绣针法绣制腰带。

04 STEP

赤道上方0.5cm绣制完成后，越过赤道继续绣制。

05 STEP

1cm宽的腰带绣制完成后，回到起针时的分球线收针。

06 STEP

换橙色线，继续用带状卷绣针法上下各绣制两层。

07 STEP

上下各补充3层蓝色和3层白色。

08 STEP

取橙色线，用千鸟绣针法绣制腰带花纹。

09 STEP

收针时在第一层结点下方1mm处出针。

10 STEP

用同样的千鸟绣针法绣制第二层，并在交点处交错叠加。

11 STEP

上下均绣制完第二层后收针。

12 STEP

取蓝色线，从同样的起针点开始第三层的绣制。

13 STEP

用蓝色线绣制3层，之后换白色线继续。

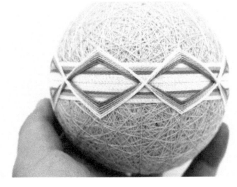

14 STEP

用白色线绣制两层后收针。

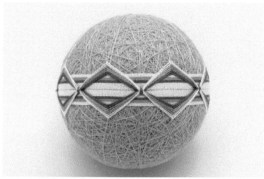

15 STEP

取双股橙色线套住各个交点，腰带制作完成。

16 STEP

在距离腰带图案顶点约1.7cm处用珠针标注。

17 STEP

每隔一条分球线就标注一个这样的点，共计8个珠针点。

18 STEP

从任意一条无珠针的分球线左侧紧贴极点起针，用辫子绣针法进行绣制。

19 STEP

用橙色线绣制两层后，换白色线绣制第三层。

20 STEP

图中白色线共绣制11层，制作者可根据球的实际大小来调整层数，使之最终与腰带图案顶点相接。

完成
Complete

21 STEP

制作完成后如图所示。

纺锤穿插

本节主要使用纺锤绣针法，通过纺锤的两两穿插得到区别于常规纺锤的独特线条穿插效果。你也可以尝试使用其他配色，说不定有意外惊喜哦！

材料

一个粉色素球（建议直径：5~6cm）

线材色号

金线（分球）、BLANC#、310#、922#、353#

01 STEP

准备一个八等分球，并在赤道上标注十六等分点。

02 STEP

在极点到赤道之间用珠针标注1/2点。

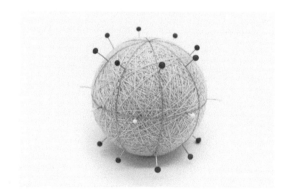

03 STEP

在每条分球线上下都标注出1/2点。

04 STEP

取黑色线，从红色珠针点起针，用纺锤绣针法绣制，注意中段需套住赤道上的等分点。

05 STEP

取白色线，在相邻分球线处绣制同样的纺锤形状。

06 STEP

8个纺锤的第一层绣制完成，注意每个赤道珠针等分点处均套有黑白两线。

07 STEP

用纺锤绣针法一层一层地往上绣制，多绣几层后可将赤道上的等分点珠针取下。

08 STEP

层层绣制，直到纺锤间剩2mm宽的缝隙。

09 STEP

极点视角如图所示。

10 STEP

取橙、粉两色线走线，将缝隙填满，制作完成后如图所示。

完成
Complete

菱形套格

菱形穿插形成新的菱形，既像梦幻的格子，又好似一个正在旋转的魔力球。你还可以尝试用其他简单分球方法制作此款手鞠，看看能得到什么不同的效果。

材料

一个蓝色素球（建议直径：6~8cm）

线材色号

银线（分球）、333#、208#、209#、211#、BLANC#、922#

01 STEP

准备一个三十等分球。

02 STEP

在北极点到赤道距离的1/2处标注珠针。

03 STEP

在南极点到赤道距离的1/2处标注珠针。

04 STEP

从珠针标注的分球线向左间隔一条分球线，在第三条分球线与赤道交点的左上方起针，向右下方拉线至珠针点回针。

05 STEP

再向右上方拉线，间隔一条分球线到赤道，在赤道与分球线夹角处回针。

06 STEP

再拉线到上方珠针处回针。

07 STEP

回到赤道上的起针点后，从珠针所在分球线左侧出针。

08 STEP

用同样的方法绣制第二个菱形。

09 STEP

第一层菱形绣制完成。

10 STEP

用珠针标注出原始起针的那条分球线，换线，从该分球线与赤道交点的左上方起针，开始第二层菱形的绣制。

11 STEP

第二层绣制完成后如图所示，注意每一个出入针处切忌与上一层重叠。

12 STEP

从内向外，按深紫1层、紫1层、浅紫1层、橙2层、浅紫1层、淡紫1层、白1层配色绣制完成。

完成
Complete

多彩线条

简单的线条因为配色的不同而制作出一个个
色彩斑斓的球，这就是手鞠的魅力吧！

材料

一个米色素球（建议直径：6cm）

线材色号

金线（分球）、920#、356#、742#、744#、ECRU、
BLANC、3042#、211#、3348#、3813#、813#、747#

01 STEP

准备一个组合六等分球

02 STEP

取红色线，从任意小三角形边外侧距
离顶点2mm处起针，沿边向下拉线，
经过该小三角形的另一顶点，沿对角
三角形的边走线，使线呈一条直线，
再在对角三角形另一条边上距离另一
顶点2mm处回针。

03 STEP

用同样的方法走线1圈后，回到起针
点回针，从起针点下方2mm处出针。

04 STEP

用同样的方法走第二层线。

05 STEP

按红4层、粉3层、米白2层、白1层的排线顺序，完成小三
角形内一半的绣制。

06 STEP

取绿色线，用同样的方法进行小三角形内另一半的绣制。

07 STEP

按绿4层、浅绿3层、米白2层、白1层的排线顺序完成小三角形内另一半的绣制。

08 STEP

取蓝色线，用相同的方法进行相邻小三角形内的走线。

09 STEP

所有配色均按深4层、浅3层、米白2层、白1层的规律进行。

10 STEP

其余面按同样的方法走线，制作完成后如图所示。

完成
Complete

旋涡

旋涡的做法看似简单，但要做出真实的效果还是需要多多练习。不同方向的旋涡可以产生不同的视觉效果，试一试吧！

材料

一个墨绿色素球（建议直径: 6cm）

线材色号

金线（分球）、BLANC#、422#、436#

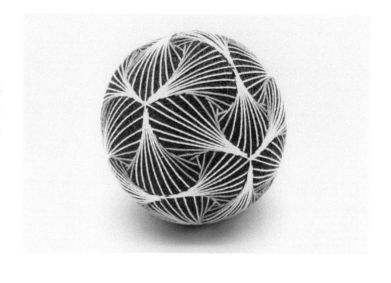

01 STEP

准备一个组合六等分球。

02 STEP

以小三角形面为基础面，在小三角形内，取白线从紧贴任意一边的顶点处起针，沿边走线，在紧贴对边、距相邻顶点3mm左右处回针。

03 STEP

继续沿边走线，以上一层白线为新的边并重复上述步骤。

04 STEP

注意回针处需紧贴上一层边的下方，防止出现针脚缝隙而不能形成连贯的旋涡。

05 STEP

3层白线绣制完成后，换浅咖色线继续绣制两层。

06 STEP

换咖色线绣制一层，一个小三角形内的旋涡绣制完成。

07 STEP

相邻三角形内的旋涡绣制针法相同，但要注意方向是相反的。

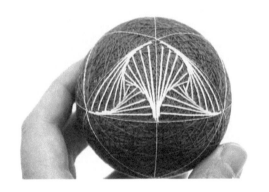

08 STEP

相邻两个小三角形的旋涡绣制完成。

09 STEP

相邻4个小三角形的旋涡绣制完成，注意观察走线方向。

10 STEP

用同样的方法完成其余小三角形内旋涡的绣制，制作完成后如图所示。

完成
Complete

三色纺锤穿插

本节主要用到纺锤绣针法，通过纺锤的穿插得到三色组合的六边形。这是一种很有趣的手鞠款式，穿插时千万要专心，稍不注意就会穿插错哦！线稿示意图如右图所示。

材料

一个红色素球（建议直径：6cm）

线材色号

金线（分球）、BLANC#、310#

01 STEP

准备一个组合六等分球。

02 STEP

以任意小三角形为基础面，用珠针标注图中所示边距顶点（六等分线交点）1.5cm的点。

03 STEP

在经过两个六等分线交点的分球线上，标注另一个距离六等分线交点1.5cm的点。

04 STEP

以其中一个珠针点为起针点，取白线，按纺锤绣针法走线。

05 STEP

绣制10层，直到纺锤尖到达原珠针所在边上的另一顶点。（具体层数可依实际情况而定）

06 STEP

按步骤02、03的方法定位出与白色纺锤相交的两点，并制作黑色纺锤，注意黑线与白色纺锤的穿插关系。（具体参考线稿示意图）

07 STEP

黑白纺锤制作完成，穿插效果如图所示。

08 STEP

用同样的方法找到两点后绣制蓝色纺锤，注意蓝线与黑白纺锤的穿插关系。（具体参考线稿示意图）

09 STEP

一组三色纺锤制作完成。

10 STEP

用同样的方法绣制剩余纺锤。

完成
Complete

11 STEP

制作完成后如图所示。

八面网格

生活中常见到这种网格编织纹样，将其绣制在手鞠上也别有一番趣味。

材料

一个深蓝色素球（建议直径：8cm）

线材色号

金线（分球）、BLANC#、758#、794#

01 STEP

准备一个组合八等分球。

02 STEP

以四边形为基础面，将其对角线三等分，并用珠针标注出两个等分点。

03 STEP

将四边形对角线上的三等分点均用珠针标出。

04 STEP

取白线，从任意珠针点所在分球线左侧起针，向右下方珠针点走线回针。

05 STEP

按此方法走大V形线后回到起针点。

06 STEP

从相邻珠针点出针，继续按之前的方法走线。

07 STEP

完成所有四边形上珠针点的走线。

08 STEP

将中间形成的六边形的一组相对边四等分，并走白线，将各等分点对应相连。

09 STEP

注意从六边形边线的下方出针入针，避免线超出或有缝隙。

10 STEP

3条单股连线完成后如图所示。

11 STEP

在3条单股连线的左右两边各紧贴着增加一条连线。

12 STEP

将六边形两侧的相邻两条边三等分，绣制相应等分点的连线，左边相同。

13 STEP

将该六边形的另一组相对边四等分，取粉线进行绣制，粉线绣在白线上方。

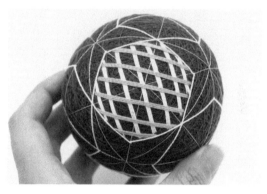

14 STEP

粉线绣制方法与白线相同，完成后如图所示。

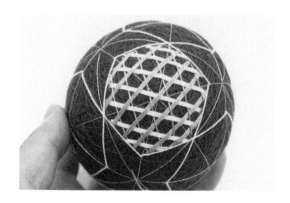

15 STEP

取蓝线绣制另一组相对边的连线，需注意蓝线的穿插关系，蓝线要压粉线、挑白线。

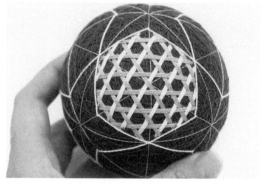

16 STEP

一面六边形网格制作完成。

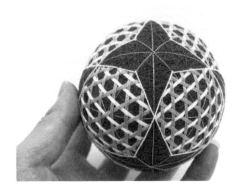

17 STEP

用同样的方法将剩余六边形的网格制作完成。

18 STEP

参考"多彩线条"这一节的走线方法，将六边形的边增加3层。

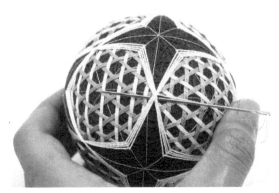

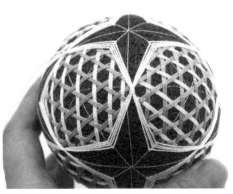

19 STEP

在六边形交点处回套3层进行固定。

20 STEP

拆掉分球线，制作完成后如图所示。

完成
Complete

条纹拼色菱形

本节主要用到平挂三角绣和穿插绣针法，通过三角形与三角形的穿插，将整个球绣满，形成拼色菱形的视觉效果。

材料

一个黑色素球（建议直径：6cm）

线材色号

金线（分球）、471#、437#、931#、356#、747#、444#、3743#、402#、518#、310#

01 STEP

准备一个组合八等分球。

02 STEP

以大三角形为基础面，用珠针标注出各边的中点。

03 STEP

取棕色线，以平挂三角绣针法进行绣制。

04 STEP

绣3层后收针，换蓝色线绣制相邻的三角形。蓝色三角形一角压于棕色三角形上。

05 STEP

再绣制与蓝色三角形相邻的红色三角形，红角压蓝角。

06 STEP

制作者可自行决定配色顺序并做记录，所有三角形绣制完成后如图所示。

07 STEP

取绿色线，按以上绣制顺序将所有三角形外扩3层。

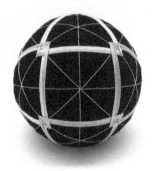

08 STEP

所有三角形的绿色层绣制完成后如图所示。

09 STEP

再按之前的配色顺序绣制相应的颜色，每绣制一层颜色都配一层绿色。

10 STEP

循环步骤09，距离分球线顶点约2mm时收针。

11 STEP

以黑线收尾，使得每个菱形贴合，制作完成后如图所示。

完成
Complete

组合十等分麻叶

麻叶是日本传统纹样中的常见纹样。本节将带状卷绣、松叶结绣与麻叶绣法相结合，麻叶绣法遵循的是方法一的绣制步骤。

材料

一个土黄色素球（建议直径：6~8cm）

线材色号

银线（分球）、BLANC#、922#、920#

01 STEP

准备一个组合十等分球。

02 STEP

取橙色线，从任意五边形边的中点起针，拉线依次经过相邻五边形边的中点。

03 STEP

绕6层后收针，从起针点处出针。

04 STEP

继续拉线，依次经过相邻五边形边的中点。

05 STEP

绕完所有五边形边的中点连线。

06 STEP

取白色线，从五边形中心点起针，沿着一条分球线绕圆周。

07 STEP

在此分球线上绕5圈后回到起点，换另一条分球线继续绕圆周。

08 STEP

五边形上的10条分球线均变为白色条带。

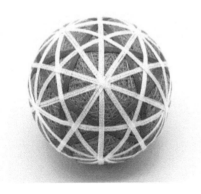

09 STEP

将剩余五边形上的分球线均绕上白线。

10 STEP

按松叶结绣针法，在每个小五边形与小三角形中绣制松叶结。

11 STEP

按麻叶绣制方法一走线将松叶结连接。

12 STEP

在最后一根线经过交点时可回针以做固定。

完成
Complete

13 STEP

制作完成后如图所示。

网

这是一种线条感十足的款式，建议
素球颜色与绣线颜色有明显对比，
这样网格感会更加强烈！

材料

一个黑色素球（建议直径：6~8cm）

线材色号

银线（分球）、3328#、760#、224#、
ECRU#、BLANC#

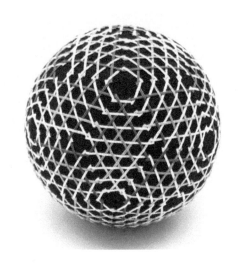

01 STEP

准备一个组合十等分球。

02 STEP

将组合十等分球中五边形中心点到顶
点的连线五等分，并用珠针标注等
分点。

03 STEP

将菱形边上的五等分点均标注出来。

04 STEP

取双股线，从离五边形最近的等分点开始，按颜色由深到
浅的顺序绣制V形条纹。

05 STEP

将相邻菱形边上的五等分点标注出来。

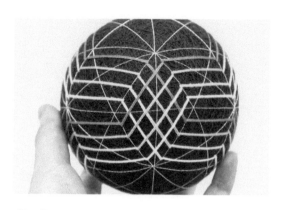

06 STEP

用同样的方法绣制条纹，且压住上一条纹。

07 STEP

用同样的方法绣制剩余条纹，但注意V形走线时，向下走的线在下方，向上走的线在上方。

08 STEP

取双股白线，连接每层V形夹角绣制五边形，并注意穿插关系。

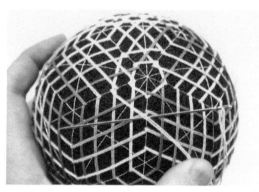

09 STEP

在组合十等分球的每个原始五边形内绣制4个渐大的五边形，且注意穿插关系。

10 STEP

拆掉分球线，制作完成后如图所示。

完成 Complete

第 **5** 章

进阶款制作图解

本章将详细图解14款手鞠，以组合分球和多面体分球为主，较前一章的款式更为复杂，多运用穿插技巧。但有了前面的基础，相信也难不倒你！

十字穿插

本节主要用到带状卷绣、枡纹绣、穿插绣针法，是一种颇为有趣的满绣款式。

材料

一个蓝色素球（建议直径：6~8cm）

线材色号

白细线（分球）、347#、BLANC#、827#、518#、517#

01 STEP

准备一个组合八等分球。

02 STEP

取红线，在任意四边形中心点的左侧起针，沿着分球线左侧绕圆周。

03 STEP

分球线左右各绕两圈红线后回起点收针。

04 STEP

在红线两侧各绕5圈白线。

05 STEP

再在白线两侧各绕两圈红线。

06 STEP

按浅蓝4圈、蓝4圈、深蓝2圈的排线顺序在左右两侧绕线。

07 STEP

取红线，在四边形中心点起针，从与上一步相垂直的分球线的左侧绕线，将上一个带状条以分球线为界视作上下两条，新的排线按照左侧挑下压上、右侧压下挑上的规律进行。

08 STEP

排线顺序与上一个带状条相同，注意隐藏线头。

09 STEP

用同样的方法制作相邻四边形中心的带状条，注意穿插方式与前面的相同。

10 STEP

分别在6个四边形中心完成带状条的穿插。

11 STEP

取浅蓝色线，在两个带状条的夹角处起针。

12 STEP

在带状条下方绣制4层四边形。

13 STEP

换红线继续绣制1层四边形，注意需压住带状条最内侧的两条红线。

14 STEP

第二层红线需压住带状条内侧的4条红线。

15 STEP

换白线继续绣制四边形，逐层增加压线的数量。

16 STEP

四边形配色层数需与带状条相匹配。

17 STEP

一个完整的十字穿插面制作完成。

18 STEP

用同样的方法绣制其余的面，制作完成后如图所示。

完成
Complete

方形锁扣

此纹样使用到平挂三角绣和枡纹绣，本节利用三角形与四边形的穿插变化，形成酷似锁扣的四边形框。一起来体会穿插变化带来的乐趣吧！

材料

一个紫色素球（建议直径：6cm）

线材色号

金线（分球）、ECRU#、223#

01 STEP

准备一个组合八等分球。

02 STEP

以三角形为基础面，标注出中心点到3个顶点连线的1/2点。

03 STEP

取粉色线，从任意珠针点起针，按平挂绣针法绣制三角形。

04 STEP

按粉1层、米白2层、粉1层的排线顺序组成1组条纹。

05 STEP

继续按顺序共绣制出6组条纹，将三角形框填满。

06 STEP

用同样的方法绣制其余几个三角形框。

07 STEP

取粉色线，从任意三角形顶点处起针，连接4个顶点形成四边形。

08 STEP

换米白色线，挑起条纹带两端的粉色线进行四边形绣制，第二层米白色线挑起条纹带左右各两根线进行绣制。

09 STEP

每绣一层四边形，则左右各增挑一根线，直到绣到第五层粉色线。

10 STEP

之后两组四边形条纹均在竖条纹之下，直到将原始四边形填满。

11 STEP

用同样的方法绣制相邻四边形条纹框，最终在四边形中心形成方形锁扣状图形。

完成
Complete

12 STEP

绣制其余四边形条纹框，制作完成后如图所示。

条纹编织

主要使用枡纹绣和带状卷绣。同样是穿插，此款手鞠是
将条纹带进行整体穿插，从而得到不同的视觉效果，像
是一个编织球，煞是可爱。

材料

一个浅蓝色素球（建议直径：7cm）

线材色号

银线（分球）、517#、827#、BLANC#、922#

01 STEP

准备一个组合八等分球。

02 STEP

取四边形中心点到顶点连线的1/2，用珠针标注。

03 STEP

将4个1/2点都用珠针标注出。

04 STEP

取深蓝色线，在任意珠针点起针，用枡纹绣针法绣制。

05 STEP

按深蓝4层、白3层、浅蓝3层、橙2层、浅蓝3层、白1层、深蓝3层的配色顺序将四边形框填满。

06 STEP

用同样的方法绣制其余的四边形框。

07 STEP

取深蓝色线，从两个四边形框中缝的分球线右侧起针，向上走线并压住上方的四边形边框；沿分球线右侧走线，挑起对边的框，按一压一挑的方法穿插走线。

08 STEP

按深蓝4层、白1层、浅蓝3层、橙2层、浅蓝3层、白1层、深蓝4层的配色顺序走线。

09 STEP

另一边则用相反的穿插方法、相同的配色走线。

10 STEP

两条穿插带制作完成后如图所示。

11 STEP

调整方向后，同样按照在
分球线右边先压后挑、左
边先挑后压的穿插顺序走
线，配色顺序相同。

完成
Complete

12 STEP

制作完成后如图所示。

黑白菱形

主要使用平挂三角绣和平挂五角绣。三角形穿插形成菱形，黑与白呈现强烈的视觉冲击，配上柔和的粉色，平添了一份温柔的力量。

材料

一个粉色素球（建议直径：6~7cm）

线材色号

白线（分球）、310#、BLANC#、224#

01 STEP

准备一个组合十等分球。

02 STEP

以三角形为基础面，取白色双股线连接三角形三边的中点绣制小三角形。

03 STEP

将所有小三角形绣出，用彩色珠针标注绣制的顺序并做记录。

04 STEP

取黑色双股线按绣制白三角的顺序依次绣制。

05 STEP

第一层黑色绣制完成。

06 STEP

用黑白两色线依次绣制，直到菱形尖角到达三角形中心，
最后一层换一黑一白双股线绣制。

07 STEP

取粉色线，用平挂五角绣针法绣五边形，填充五边形框。

08 STEP

填充完成后如图所示。

09 STEP

剪开白色分球线，并将线头藏于球内。

10 STEP

制作完成后如图所示。

完成
Complete

玫瑰庄园

主要使用带状卷绣和平挂五角绣。彩色的栅栏中绽放着一朵娇艳可人的玫瑰，午后的玫瑰庄园芬芳袭人。没想到规整的五边形经过交错叠加也能组合出一朵可爱的玫瑰！

材料

一个白色素球（建议直径：8~10cm）

线材色号

银线（分球）、744#、3042#、758#、341#、813#、3813#、BLANC#

01 STEP

准备一个组合十等分球。

02 STEP

取粉色线，从任意五边形一顶点起针，间隔一个顶点经过下一个顶点，沿着图中轨迹绕3圈后收针。

03 STEP

从相邻顶点起针，同样绕3圈且与之前的粉圈平行。

04 STEP

将两个粉圈间的垂直分球线五等分，用珠针标注并按同样的方法在各个珠针处绕圈。

05 STEP

6层粉圈绣制完成。

06 STEP

取蓝色线，从该五边形相邻顶点起针，按同样的方法走线。经过粉圈时需如图穿插，一压一挑。

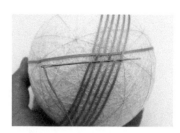

07 STEP

第二层蓝圈则是一挑一压地穿插粉圈。

08 STEP

6层蓝圈完成后如图所示，接着换黄色线重复之前的步骤。

09 STEP

黄圈与粉、蓝两圈的穿插关系如图所示。

10 STEP

再将剩余彩色圈层绣制完成，绣制过程中时刻注意穿插关系。

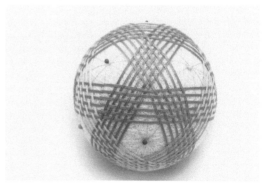

11 STEP

用彩色珠针标注出五边形周围未出现的颜色。

12 STEP

以此面为例，取蓝色线，用平挂五角绣针法绣制4层五边形，使之与五边形框平行。最里面五边形为4层，之后都是3层。

13 STEP

取白色线，以另外5条分球线为基准绣制五边形。

14 STEP

再换蓝色线，绣制与之前蓝色五边形方向相同的五边形。

15 STEP

从内到外，一蓝一白共绣制8层后收针，一朵玫瑰绣制完成。

16 STEP

对应珠针颜色，完成剩余面的玫瑰图案，制作完成后如图所示。

完成
Complete

伞心旋涡

将分球线视作伞骨，绣制旋转的伞纹，再配以旋涡纹样，形成虚与实的结合，线与面的搭配。

材料

一个白色素球（建议直径：8~10cm）

线材色号

金线（分球）、3041#、BLANC#、517#

01 STEP

准备一个组合十等分球。

02 STEP

取蓝色线，在任意五边形中任意一条分球线左侧紧挨中心交点处起针，回针套住该条分球线，从相邻分球线的左侧出针。

03 STEP

重复上一步骤，注意线不用拉太紧。

04 STEP

在蓝色线套住6条分球线后停止，取白色线，从蓝色线起针点右侧一条分球线起针，按同样的方法绣制并紧贴蓝线，绣制到蓝线位置时停止，再在白色线起针点右侧分球线上新起针。

05 STEP

在绣完第二层白色线后，换之前的蓝色线在白色线外层绣制。

06 STEP

重复以上步骤，直到绣到第5圈（两层白线算一圈）。

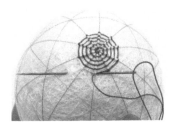

07 STEP

第一层白色线、第二层白色线和第三层蓝色线依次减少一条，并在分球线位置收针。

08 STEP

取紫色线，从五边形任意一顶点起针，按照旋涡绣法（参照"旋涡"一节）进行绣制。

09 STEP

旋涡边贴合中心伞纹时收针，一面五边形绣制完成。

完成
Complete

10 STEP

用相同的方法绣制完其余面，制作完成后如图所示。

中国风

主要使用纺锤绣法和枡纹绣。此款是本书中仅有的中国风韵味的手鞠，其创作灵感来自年味十足的窗花，绣制时可以利用红色素球增添一份喜庆。

材料

一个红色素球（建议直径：6cm）

线材色号

白线（分球）、310#、414#、415#、BLANC#

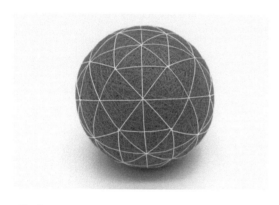

01 STEP

准备一个18面体球。

02 STEP

取白线，从六边形一条边上方距离顶点1mm处起针，经过中心点，在对应边下方距离顶点1mm处回针。

03 STEP

按同样的方法依次沿着六边形一上一下走线。

04 STEP

回到起针点后，从起针点下方1mm处起针，按相同的方法走第二层线。

05 STEP

换浅灰色线重复以上步骤。

06 STEP

按浅灰2层、深灰2层、黑1层的配色顺序制作完菱形带。

07 STEP

用同样的方法将剩余菱形带绣制完成。

08 STEP

以四边形边的中点外侧作为起针点，绣制纺锤。

09 STEP

绣制与之相垂直的另一个纺锤。

10 STEP

各纺锤第一层绣制完成后换白线，从四边形对角线的1/3处起针，绣制小四边形。

11 STEP

小四边形第一层绣制完成后，继续第二层纺锤的绣制。

12 STEP

纺锤按黑2层、深灰2层、浅灰2层的配色顺序绣制，白色小四边形共绣6层。

完成
Complete

13 STEP

完成剩余面图案的绣制，制作完成后如图所示。

穹顶

主要使用枡纹绣。此款手鞠的创作灵感来自一座建筑的穹顶，蓝与橙的配色呈现静谧之感。

材料

一个蓝色素球（建议直径：6~7cm）

线材色号

金线（分球）、519#、922#、422#

01 STEP

准备一个14面体（分法二）球。

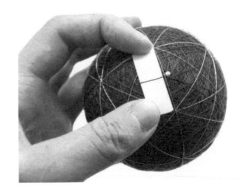

02 STEP

用白色珠针标注四边形中心点到顶点连线的1/2点。

03 STEP

以菱形作为基础面，用红色珠针标注出经过白色珠针平行于菱形边的直线与菱形对角线的交点。

04 STEP

如图所示，将菱形中的4个点标出。

05 STEP

取蓝色线，用枡纹绣针法绣出小菱形。

06 STEP

将大菱形框填满。

07 STEP

将剩余菱形框按以上步骤绣制完成。

08 STEP

取橙色线，从菱形小夹角起针，压两侧蓝线进行四边形绣制。

09 STEP

从外到内逐层增加压蓝线的数量，直到剩余最内侧两条蓝线，将四边形框填满。

10 STEP

取浅棕色线，从菱形大夹角起针，挑最内侧两条蓝线进行三角形绣制。

11 STEP

逐层增加挑线的数量，直到将三角形框填满，用同样的方法将剩余的四边形和三角形填满。

完成
Complete

12 STEP

制作完成后如图所示。

机械星球

主要使用带状卷绣、平挂六角绣和枡纹绣。此款手鞠的创作灵感来自齿轮，通过穿插得到齿轮的凹凸感，故而取名"机械星球"，希望这颗星球充满生机。

材料

一个黑色素球（建议直径：7cm）

线材色号

金线（分球）、518#、3865#、3813#、503#、3348#

01 STEP

准备一个14面体（分法一）球。

02 STEP

取蓝色线，从四边形中心点右侧起针，沿分球线右侧向上走线，经过六边形中心点。

03 STEP

绕线两圈后从分球线左侧出针，再绕两圈后收针。

04 STEP

按蓝2圈、白3圈、蓝2圈、浅绿2圈、绿2圈的配色顺序排线。

05 STEP

从另一个四边形的中心点右侧起针，沿分球线右侧绕线，经过前一个条纹带时先压后挑地进行穿插。

06 STEP

按步骤04的配色顺序排线，在分球线左侧先挑后压，第三个条纹带同样如此。

07 STEP

3个条纹带制作完成，注意穿插关系。

08 STEP

其他条纹带配色相同，在经过六边形中心点时遵循上述穿插关系；经过四边形中心点时，第一条线压最内侧两条蓝色线。

09 STEP

第二圈时左右各增压一条线。

10 STEP

此条纹带完成后，四边形穿插效果如图所示。

11 STEP

绣制完成所有条纹带。

12 STEP

取浅绿色线，从六边形内条纹带的夹角起针。

13 STEP

用平挂六角绣针法绣制4层，将六边形压在条纹带下方。换蓝色线继续绣制六边形，需压住最内侧两条蓝色线。

14 STEP

匹配条纹带的配色进行绣制，并依次增加压线数量。

15 STEP

匹配条纹带配色完成后，换翠绿色线将六边形框填满。

16 STEP

取白色线，从四边形夹角起针，压住最内侧左右各3条线。

17 STEP

匹配条纹带配色，并依次增加压线数量，最后用翠绿色线填满四边形框。

18 STEP

绣制剩余面，制作完成后如图所示。

完成
Complete

三角羽毛

此款手鞠看似简单的图形走线，像夜空中飘落的三角羽毛，极具美感。

材料

一个黑色素球（建议直径：6cm）

线材色号

银线（分球）、DMC12号线676#、745#、BLANC#

01 STEP

准备一个32面体（分法一）球。

02 STEP

取白色线，在五边形的一条中垂线右侧距离边0.5cm处起针，在五边形的边上回针。

03 STEP

如图所示走线。

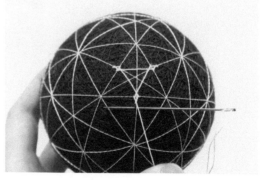

04 STEP

回到起针点后，在起针点下方2mm处出入针，绣制第二层。

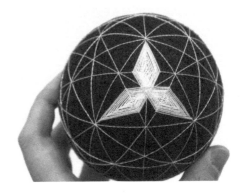

05 STEP

用白色线绣制4层，注意横向排线更紧密，纵向排线更稀疏。

06 STEP

取淡黄色线绣制3层、黄色线绣制2层，直到羽毛顶点靠近五边形中心，一面三角羽毛绣制完成。

完成
Complete

07 STEP

用同样的方法完成剩余面的绣制，可调整配色及绣制层数，制作完成后如图所示。

和平环

主要使用平挂五角绣。此款手鞠的灵感来自由藤蔓交织
而成的花环。和平环由3个等面积的五边形穿插而成，其
名字就具有美好的寓意。

材料

一个蓝色素球（建议直径：8~10cm）

线材色号

白线（分球）、315#、BLANC#、922#

01 STEP

准备一个32面体（分法一）球。

02 STEP

以小三角形为基础面，在3条中垂线上用珠针标注距离中心
点0.5cm的点。取橙色线，从一顶点处的分球线右侧起针，
绕过珠针在另一顶点回针。

03 STEP

如图所示走线，绕过珠针，在另一顶点回针后回到起针点。

04 STEP

按同样路径绣制第二层，第二层的回针点在第一层交
叉处。

05 STEP

换白色线继续绣制，逐层向中心点靠近，注意回针的长度需逐层增加。

06 STEP

如图所示，将中心填满后收针。

07 STEP

将所有小三角形绣制完成。

08 STEP

将五边形的边三等分，并用珠针标注等分点。

09 STEP

取白色线连接五边形中心点与三等分点，取紫色线，在分球线与五边形顶点之间1/3处起针，绣制五边形。

10 STEP

取白色线绣制2层，取紫色线绣制1层。

11 STEP

在相邻分球线上起针，绣制五边形并与前一个五边形形成穿插关系。

12 STEP

第三个五边形与前两个五边形穿插。

13 STEP

如图所示，完成大五边形内的3个相互穿插的五边形。

完成
Complete

14 STEP

绣制完成所有五边形后拆掉所有分球线，制作完成后如图所示。

寄木

本节采用渐变线绣制，呈现出丰富
的色彩效果。满绣的纹样竟使浑
圆的球体有了棱角感，你能感受
到吗？

材料

一个绿色素球（建议直径：6~8cm）

线材色号

白线（分球）、111#、125#、BLANC#

01 STEP

准备一个32面体（分法二）球。

02 STEP

以六边形为基础面，如图所示，取绿
色渐变线走线。

03 STEP

注意横向距离菱形中心点更近，纵向
距离中心点更远。

04 STEP

如图所示，将所有六边形绣制完成。

05 STEP

取黄棕色渐变线，如图所示，绣制大五边形。

06 STEP

黄棕色五边形第一层绣制的先后顺序不重要，但需用各色珠针标注并用珠针颜色记录绣制顺序。

07 STEP

按照先整球绣制绿三角，再按顺序绣制五边形，然后整球绣制绿三角的顺序层层绣制。

08 STEP

绣制时保持菱形各边与菱形外框平行并逐渐将外框填满。

09 STEP

取双股白线填充每个五边形内的空隙。

10 STEP

绣制完成后如图所示。

完成
Complete

平行世界

主要使用带状卷绣、平挂六角绣和平挂五角绣。你相信平行世界的存在吗？它就好像这款手鞠，看似独立的五边形与六边形之间却交错着各种线条，有着千丝万缕的联系。

材料

一个米色素球（建议直径：8~10cm）

线材色号

金线（分球）、920#、BLANC#、414#

01 STEP

准备一个32面体（分法二）球。

02 STEP

取红色线，从五边形中心点右侧起针，沿分球线右侧走线，经过六边形的中心点。

03 STEP

在分球线左右两侧各绣制一组红、白、红的条纹。

04 STEP

绣制新条纹时注意与此条纹在相交处形成穿插关系，分球线右侧先挑后压，分球线左侧先压后挑。

05 STEP

每条分球线左右两侧都需要绣制条纹且穿插规律相同。

06 STEP

五边形、六边形中心点处需注意穿插关系。

07 STEP

所有条纹穿插绣制完成。

08 STEP

取灰色线，在分球线与六边形中心点之间1/2处起针，绣制六边形。

09 STEP

用相同的方法绘制五边形，共绣制6层。

10 STEP

取白线，连接相邻3个图形的内角。

11 STEP

连线呈三角形，剩余面的
绣制方法相同。

完成
Complete

12 STEP

制作完成后如图所示。

万花筒

主要使用平挂五角绣、平挂六角绣和平挂三角绣。此款手鞠的灵感来自童年的玩具——万花筒，让我们用一些小碎片拼凑出美好的大千世界吧。

材料

一个深蓝色素球（建议直径：10cm）

线材色号

白线（分球）、666#、BLANC#、422#

01 STEP

准备一个92面体完全分割球。

02 STEP

取红色线，沿五边形外侧绣制。

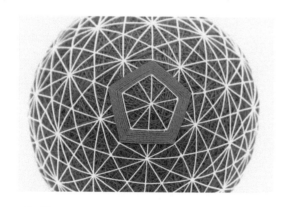

03 STEP

绣至五边形顶点到达分球线（具体绣制层数视球的实际大小而定）。

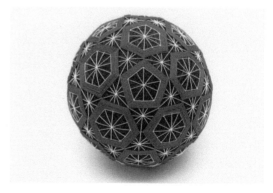

04 STEP

将所有五边形与六边形绣制完成，五边形与六边形的绣制层数需保持一致。

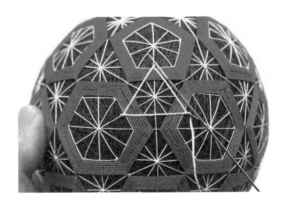

05 STEP

取白色线，如图所示绣制三角形的第一层，注意要压住红色线。

06 STEP

绣制三角形第二层时需挑起五边形、六边形最外面的一层线。

 07 STEP

逐层增加挑线数量，最后两层换浅咖色线绣制三角形。

08 STEP

绣制出所有三角形，制作完成后如图所示。

完成
Complete